黄金比例的舒芙蕾松饼

CUICUI 料理·烘焙沙龙·咖啡屋　店主

[日] 桔梗有香子 著

颜翠 译

华夏出版社
HUAXIA PUBLISHING HOUSE

前言

舒芙蕾松饼是位于日本兵库县芦屋市 CUICUI 咖啡店的招牌菜。

有人特地从远方赶来，也有人特地向公司请假，只为一品此店的舒芙蕾。

在舒芙蕾松饼上桌的一瞬间，所有客人都会发出这样的惊叹："哇！看起来好软乎啊！"他们还一定会拍照留念。

品尝一口之后，大家都会露出幸福的笑容："哇！融化了！好幸福……"

因为有了这些倍受感动的客人在社交网站上给予 CUICUI 的好评，这里就逐渐成了一家一位难求的咖啡店。

"这种入口即化的口感就像是幸福的味道！只要一入口就会不自觉地微笑。"

"我很想让妈妈也尝尝，所以就带她一起来了。"

"现在除了舒芙蕾以外，我再也不想吃其他松饼了！"

来自客人的好评真是数之不尽。

我做的松饼能让客人们品尝到幸福的味道，而我也因此收获了幸福感。

"松饼里加了什么材料呢？""是使用了特殊的工具吗？"经常有人会这样问我，但其实并没有什么特殊的材料和工具。

用家里常备的材料和工具，就能随时做出好吃的松饼来。

只是，还需要一些诀窍罢了。

我想通过这本书，将自己从开店以来制作了数千块松饼后总结出的诀窍，都教给各位，让你们在家也能成功做出舒芙蕾松饼。

本书还配合不同的场合介绍了一些菜谱，请各位一定要试着做给自己关心的人吃。

相信只要尝一口你做的舒芙蕾松饼，他们一定会被这种"幸福的口感"所打动，并露出心满意足的笑容。

CUICUI 店主

桔梗有香子

目录 Contents

Part 1
基本配方舒芙蕾松饼的制作方法

基本配方面糊的制作方法……………… 2
基本的甜点系舒芙蕾松饼
　多彩水果舒芙蕾松饼………………… 8
基本的咸食系舒芙蕾松饼
　培根芝士舒芙蕾松饼………………… 10
基本配方的各种变化…………………… 12
花样繁多的煎制方法…………………… 16

Part 2
甜点系舒芙蕾松饼

鲜奶油浆果舒芙蕾松饼………………… 22
焦糖苹果舒芙蕾松饼…………………… 24
椰香芒果舒芙蕾松饼…………………… 26
哈密瓜球舒芙蕾松饼…………………… 27
白巧克力舒芙蕾松饼…………………… 28
橙味巧克力舒芙蕾松饼………………… 29
香蕉巧克力舒芙蕾松饼………………… 30
双重巧克力舒芙蕾松饼………………… 32
法式栗子泥（蒙布朗）舒芙蕾松饼…… 34
提拉米苏舒芙蕾松饼…………………… 36

夏威夷果奶油舒芙蕾松饼……………… 38	橙味茅屋芝士舒芙蕾松饼……………… 51
盐味黄油奶糖舒芙蕾松饼……………… 40	草莓蛋糕舒芙蕾松饼…………………… 52
红豆抹茶舒芙蕾松饼…………………… 42	舒芙蕾松饼自助餐……………………… 54
红糖栗子舒芙蕾松饼…………………… 43	舒芙蕾松饼巧克力塔…………………… 56
紫薯舒芙蕾松饼………………………… 44	混合坚果舒芙蕾松饼…………………… 58
南瓜舒芙蕾松饼………………………… 46	水果酸奶舒芙蕾松饼…………………… 60
蔬菜舒芙蕾松饼………………………… 47	柠檬茶舒芙蕾松饼……………………… 61
里科塔芝士舒芙蕾松饼………………… 48	曲奇奶油舒芙蕾松饼…………………… 62
蓝莓舒芙蕾松饼………………………… 50	香蕉全麦舒芙蕾松饼…………………… 64

Part 3
咸食系舒芙蕾松饼

肉酱舒芙蕾松饼……………………… 66	意式卡普里风味舒芙蕾松饼……………… 80
蟹肉奶油可乐饼舒芙蕾松饼	古老也芝士佐三文鱼舒芙蕾松饼………… 81
（佐以海胆奶油酱）………………… 68	开胃菜风舒芙蕾松饼……………………… 82
BLT舒芙蕾松饼……………………… 70	意大利千层面风舒芙蕾松饼……………… 84
火腿芝士舒芙蕾松饼………………… 71	舒芙蕾热狗………………………………… 86
墨西哥风味舒芙蕾松饼……………… 72	舒芙蕾三明治……………………………… 87
经典英式早午餐——班尼迪克蛋	
舒芙蕾松饼………………………… 74	**工具清单**………………………………… 88
印度肉末咖喱舒芙蕾松饼…………… 76	
墨西哥卷饼风味舒芙蕾松饼………… 78	

■ **本书所用材料的通用规格**
◎鸡蛋使用中等大小的。
◎黄油选用无盐黄油。
◎1个鸡蛋可以做出1份松饼（基本配方面糊能做出2片松饼）。
◎所有菜谱中使用的鲜奶油和酱汁的量仅供参考，可根据喜好自行搭配。
◎加热温度和加热时间都可根据电烤盘和烤箱的型号自行调整。
◎用微波炉加热一般使用500瓦火力，但也可根据不同机型做相应的调整。
◎计量单位：1大匙约为15毫升，1小匙约为5毫升，1杯约为200毫升。使用量匙时，请将隆起的材料刮平后计量。

Part 1
基本配方舒芙蕾松饼的制作方法

基本配方面糊的制作方法

制作本书介绍的舒芙蕾松饼,所用材料都非常简单。
只要掌握了打发蛋白霜和混合面糊的诀窍,任何人都能轻松做出入口即化的舒芙蕾松饼!
掌握了基本配方面糊的做法后,只要改变烤制方法和配料,就有无限种可能!
请在家里试着做各式各样的舒芙蕾松饼吧!

Ⅰ. 工具
为了让你想起来就能动手做,书中的制作方法不需要使用任何特殊工具。

❶ 电烤盘
❷ 大碗、网筛
❸ 手持电动搅拌器
❹ 橡皮刮刀
❺ 手动搅拌器

❻ 量匙
❼ 电子秤
❽ 煎铲
❾ 大勺
❿ 硅胶刷

II. 材料　制作基本配方面糊的材料简单又好记！

基本的甜点系面糊

A
- 蛋黄　1个
- 牛奶　1大匙
- 低筋面粉　15克
- 泡打粉　1/4小匙
- 脱脂奶粉　1/4小匙

B
- 蛋白　1个
- 细砂糖　1大匙

色拉油　适量

只需改变调味料 →

基本的咸食系面糊

A
- 蛋黄　1个
- 牛奶　1大匙
- 低筋面粉　15克
- 泡打粉　1/4小匙
- 盐　1/4小匙

B
- 蛋白　1个
- 细砂糖　1大匙

色拉油　适量

Column
舒芙蕾松饼口感的秘密

舒芙蕾松饼最特别的就是那入口即化的松软口感。

这个秘密就在于面糊的制作方法以及配比。

一般制作松饼会直接使用整个鸡蛋，并没有事先打发材料，加之使用了过量的面粉，所以口感不松软。

制作舒芙蕾松饼要将蛋黄和蛋白分开，并将蛋白打发成蛋白霜。

把其他材料先混合在一起，最后加入蛋白霜，搅拌时小心不要让蛋白霜消泡，这样做出来的面糊更加蓬松。

为了让口感更加松软，低筋面粉的量在所需范围内使用得越少越好。

此外，在本书的配方之中，为了维持蛋白霜的膨胀度还加入了泡打粉，所以即使是初学者也很难失败哦！

最后，在烤制方法和使用工具上也有很多讲究，所以务必要牢牢掌握这部分的内容。

Ⅲ. 事前准备   做好准备工作，让之后的操作更加顺利。

1. 在电烤盘上刷油

用硅胶刷可以将油均匀地涂抹在电烤盘上。若没有硅胶刷，也可以用厨用纸巾代替。舒芙蕾松饼的面糊容易粘在烤盘上，所以要把锅底涂满油。

2. 预热电烤盘

面糊需要在180℃的高温下加热，由于电烤盘加热还需要一些时间，所以先以230℃预热，这样就可以在短时间内达到需要的温度。

3. 混合粉类材料

先将低筋面粉、泡打粉和脱脂奶粉混合在一起，在桌面上铺一层保鲜膜，再用网筛通过均匀地晃动将粉末更好地混合，直到没有块状粉末为止。

4. 分离蛋黄和蛋白

敲开蛋壳，将蛋黄和蛋白分别盛在两个碗中。若将蛋白与蛋黄混在一起会非常难打发，请注意此步骤的操作。此外，如果盛蛋白所用的碗中残留有水分或者油脂，不利于打发蛋白霜，所以在敲鸡蛋之前要仔细检查。

Ⅳ. 蛋白霜的制作方法　蛋白霜是决定舒芙蕾蓬松口感的关键。

1. 打散蛋白

使用手持电动搅拌器左右搅拌，不用打开搅拌器的电源，直至蛋液打散为止。

2. 略微打发蛋白

打开搅拌器的电源，高速打发蛋白，直至出现蓬松的泡沫。

> **Point**
> 过度打发会导致蛋白霜散开，所以需要格外注意。当蛋白霜打发到如洗发水的泡沫般状态时，用搅拌器的前端从里往外挑，若泡沫能挂在搅拌器上则可以停止打发。

3. 加入细砂糖继续打发

将所需的细砂糖一次性加入蛋白霜中，继续高速打发直至出现硬性棱角。慢慢地提起搅拌器，如果能拉出一个短小直立的尖角就可以了。请注意不要过快地提起搅拌器，不然无论蛋白霜的状态如何，都是拉不出尖角的。

4. 理顺蛋白霜纹理

最后，以低速打 1 分钟左右，慢慢理顺蛋白霜的纹理。这样，蛋白霜就制作完成了。请记住要以画圆圈的动作缓慢地搅拌蛋白霜。

V. 混合
要小心地搅拌，避免破坏蛋白霜的泡沫。

1. 混合蛋黄与牛奶

将牛奶放入之前准备的蛋黄中，用手动搅拌器搅拌，直到牛奶和鸡蛋混合均匀。

2. 加入粉类材料

将第4页中混合好的粉类材料一同加入。由于之前已经将粉类材料过筛，故可以直接倒入盆中。

3. 用搅拌器搅拌

用手动搅拌器慢慢地将蛋黄与粉类材料混合均匀。需要注意的是，混合好的材料若不立即使用，其中的泡打粉会开始起作用，让面糊开始变硬。

Point

过度搅拌会使低筋面粉产生筋性，这样一来面糊就不容易膨胀。

4. 加入蛋白霜

将之前做好的蛋白霜全部倒进去。如果蛋白霜有凝固的情况，就用电动搅拌器的搅拌棒轻轻搅拌，直至所有蛋白霜的质地均匀为止。直接把凝固的蛋白霜加进去搅拌容易导致蛋白霜消泡。

5. 用橡皮刮刀混合

用橡皮刮刀以切拌的方式混合。

Point

注意不要破坏泡沫，搅拌时手法要轻柔且迅速。每切拌一次，就将小碗转45度左右，这样比较容易混合均匀，就这样重复10次即可。

6. 完成

当蛋白霜的白色完全消失时面糊的混合过程就完成了。

Point

蛋白霜中的泡沫会慢慢消失，因此面糊混合好之后要立即煎烤。面糊的质地不稀散，蓬松饱满才是最完美的状态。

Ⅵ. 煎烤　掌握诀窍之后，就可以烤出入口即化的舒芙蕾！

1. 倒入面糊

将电烤盘的温度由230℃调至180℃，用大勺舀取面糊，尽可能低地倒入锅中，摊成2片大小均等的面糊。

> **Point**
> 为了能让松饼有松软和入口即化的口感，摊在烤盘上的面糊不要过大。面糊倒下去之后，要利用大勺底部调整形状，尽量不要将面糊摊得太薄。

2. 烤制

盖上电烤盘的盖子约2分钟，用余温烘烤正面。2分钟后确认松饼底部的烤制情况，只要微微呈金黄色就可以翻面了。如果底部上色还不够，可以适当再煎30秒左右。单面煎好后用煎铲翻面，再盖上盖子继续烘烤2分钟。为了避免蛋白霜消泡，翻面的动作要轻柔，并降低翻面的高度。

3. 完成

当面糊开始膨胀时，另外一面也煎成金黄色了。面糊膨胀到接近锅盖的高度就是非常理想的完成状态。

4. 装盘

将煎好的松饼装盘。

> **Point**
> 煎好的松饼若继续放在烤盘上会慢慢塌陷，可以将盘子搁在电烤盘旁边，待煎好之后立即装盘。

基本的甜点系舒芙蕾松饼・多彩水果舒芙蕾松饼

在简单的原味舒芙蕾松饼上淋上鲜奶油,搭配多彩的水果,这样就可以做出与店里无异的成品了。

材料

●面糊

A
- 蛋黄 1个
- 牛奶 1大匙
- 低筋面粉 15克
- 泡打粉 1/4小匙
- 脱脂奶粉 1/4小匙

B
- 蛋白 1个
- 细砂糖 1大匙

色拉油 适量

●配料
- 草莓
- 猕猴桃
- 香蕉
- 芒果
- 蓝莓

★牛奶鲜奶油
- 鲜奶油 50克
- 炼乳 1小匙
- 细砂糖 1大匙

准备

・将电烤盘涂上色拉油,再以230℃预热
・将低筋面粉、泡打粉和脱脂奶粉充分混合后过筛
・将蛋黄和蛋白分开

制作方法

1. 制作面糊

将A类材料混合均匀后,取另一个碗用B类材料制作蛋白霜。将蛋白霜与A类材料混合,使用橡皮刮刀以切拌的方式均匀混合。

2. 煎烤面糊

将电烤盘的温度下调到180℃,倒入2片分量的面糊,盖上锅盖煎2分钟,底面煎好之后用煎铲翻面,再盖上锅盖煎2分钟。

3. 制作牛奶鲜奶油

另取一个碗,加入鲜奶油、炼乳和细砂糖,用手持电动搅拌器打发,直至能拉出一个短小直立的尖角。

4. 装盘

将煎好的舒芙蕾松饼盛在盘子里,用汤匙舀取大量的牛奶鲜奶油淋上去,再加上各种水果就大功告成啦!

基本的咸食系舒芙蕾松饼·培根芝士舒芙蕾松饼

在面糊中加入少许咸味的培根，淋上热气腾腾的芝士酱，很适合作为午餐食用。

材料

● 面糊

A
- 蛋黄 1个
- 牛奶 1大匙
- 低筋面粉 15克
- 泡打粉 1/4小匙
- 盐 1/4小匙

B
- 蛋白 1个
- 细砂糖 1大匙

培根（切碎） 1片
色拉油 适量

● 芝士火锅酱
- 芝士火锅酱 1袋
- 牛奶或者白葡萄酒 100毫升
- ※ 依品牌不同自行调整
- 黑胡椒末 少许

● 配料
- 搭配用的蔬菜（随个人喜好） 适量
- ※ 各种蔬菜嫩叶等

准备

· 将电烤盘涂上色拉油，再以230℃预热
· 将低筋面粉、泡打粉和盐充分混合后过筛
· 将蛋黄和蛋白分开

制作方法

1. 制作面糊

将A类材料混合均匀后，取另一个碗用B类材料制作蛋白霜。将蛋白霜与A类材料混合，使用橡皮刮刀以切拌的方式均匀混合。混合至一半左右时加入培根，最后把所有材料混合均匀。

2. 煎烤面糊

将电烤盘的温度下调到180℃，倒入2片分量的面糊，盖上锅盖煎烤2分钟，底面煎好之后用煎铲翻面，再盖上锅盖煎2分钟。

3. 制作芝士火锅酱

将买来的芝士火锅酱与牛奶或白葡萄酒一同放在锅中加热，直至芝士熔化后加入黑胡椒末调味。

4. 装盘

将煎好的舒芙蕾松饼盛在盘子里，然后浇上满满的芝士火锅酱，再以新鲜的蔬菜嫩叶装点即可。

基本配方的各种变化

加入各种颜色的食用色素和粉类材料,再搭配其他配料,让松饼富于变化,更加诱人。只要在基本配方中稍加变动,就能享用多样化的美味。

~ 甜点系 ~

● 添加配料

香蕉(P30)　板栗(P43)　混合坚果(P58)　巧克力碎(P32)　夏威夷果(P38)

苹果(P24)　蓝莓(P50)　橙子(P51)　南瓜(P46)

●给面糊上色

深绿色（P42） 用抹茶粉上色和调味

黄色（P26） 用芒果粉增加甜味和香气

黑色（P30） 用可可粉调出巧克力味

绿色（P27） 用食用色素调制出鲜艳的颜色，再添加哈密瓜香精增加香气

紫色（P44） 用紫薯粉调出自然的紫色

咖啡色（P36） 用咖啡表现成熟的味道

粉色（P22） 用食用色素调制出可爱的粉色，再添加草莓粉可增加酸甜的风味

橘色（P47） 用蔬菜汁和胡萝卜泥调色，更加健康

Column
面糊无法膨胀的原因？

导致舒芙蕾松饼的面糊无法膨胀的原因有很多，仅列举最常见的3种供各位参考。

❶ 蛋白霜打发不充分

如果已经打发的蛋白霜消泡了则不会再膨胀。此外，如果碗、盆或者搅拌器上沾有油分与水分，蛋白霜也无法打发，请在操作之前仔细确认。

❷ 面糊混合过度

将含有蛋黄的面糊加入蛋白霜之后，如果混合过度，蛋白霜会消泡，则也会导致面糊无法膨胀。

为了在搅拌时不让蛋白霜消泡，尽量将搅拌的次数控制在10次之内。宁可混合不充分，也不要混合过度。

❸ 煎烤的时候面糊摊得过薄

有一定厚度的舒芙蕾松饼才会有蓬松的口感。

如果将面糊摊得又薄又大，面糊会无法膨胀，这样做出来的舒芙蕾松饼就失去了蓬松的口感。

所以在倒入面糊时一定要注意面糊的厚度，这比面糊的大小更为重要。

● 夹心面糊

香蕉泥（P64）　白巧克力碎（P28）　奶油芝士（P50）　香草籽（P40）

奥利奥（P62）

水煮栗子（P34）

里科塔芝士（P48）　糖渍橙皮（P29）　什锦浆果（P60）　伯爵茶（P61）

花样繁多的煎制方法

Ⅰ.煎大块松饼

将松饼摊得更大、更厚一点,口感就会更蓬松。

1. 倒入面糊

在烤盘内倒入一块较大的面糊。大块面糊的煎制时间要比之前基本大小的面糊稍长一点,盖上锅盖之后煎烤约 2 分半钟。为了能成功做出松软口感的舒芙蕾松饼,尽量不要把松饼摊得过大。

2. 翻面

用两只煎铲小心地将松饼翻面,然后盖上锅盖继续煎 2 分半钟。如果只用一只煎铲翻面容易使松饼破裂,所以要用两只煎铲从左右两端插入松饼底部慢慢地翻面。翻面时动作要轻柔,否则容易导致蛋白霜消泡,从而影响口感。

3. 完成

翻面之后煎至面糊膨胀变高,看起来松软可口的舒芙蕾松饼就出炉啦!

4. 装盘

将煎好的松饼装盘。如果装盘时遇到困难,可使用两个煎铲来将松饼盛出来。

Ⅱ. 煎小块松饼

迷你小松饼可以当作开胃菜食用，也可以用在自助餐中，或是做成松饼塔等其他菜式。

1. 倒入面糊

用小匙子往电烤盘内倒入小块面糊，煎制的时间要相应缩短一些，烤1分半钟就够了。

Point

小松饼会熟得比较快，所以在入锅的时候动作一定要快。用汤匙的背面把面糊整理成圆形。

2. 翻面

给松饼翻面，然后盖上锅盖继续煎1分半钟。因为松饼数量较多，所以翻面的动作也要迅速。由于松饼很容易煳掉，所以要按照入锅的顺序进行翻面。

3. 完成

迷你松饼完工了。同样大小的小圆松饼，看起来非常可爱。

4. 装盘

将煎好的松饼装盘。可以呈圆形摆在盘子中，也可以堆成塔状，开动脑筋想出各种有趣的摆盘方式吧。

Ⅲ. 使用烤箱烤制

将材料放入烤盅里用烤箱烤制，会让松饼有截然不同风味。

1. 准备

用刷子在烤盅内均匀地涂上一层黄油，再用小筛子均匀地撒上一层糖粉。撒上糖粉之后加热，面糊就不会粘锅了。

2. 倒入面糊

把面糊倒入烤盅内，将表面抹平。

3. 调整面糊

沿烤盅的边缘用大拇指划一圈，抹去部分面糊。这样做能在烤盅内侧划出一圈沟槽，让面糊膨胀的高度一致。记住，用拇指和食指捏住烤盅的边缘划一圈。

4. 烤制

将烤箱以200℃预热，然后以200℃烤6分钟。接下来将烤箱温度下调到180℃，继续烤5分钟。先用高温烤制，让面糊膨胀起来，再降低温度让面糊中心熟透。

Point

可用竹签插进面糊中，来确认中心部分是否烤熟。如果竹签沾上的面糊呈湿润且成型状态，就证明已经熟透；如果感觉面糊还是接近液态，就需要以180℃的温度再烤一会儿。只要面糊开始膨胀且高出烤盅，那就证明烤得非常成功。

Ⅳ. 使用活底蛋糕模烤制

使用活底蛋糕模来增加舒芙蕾松饼的高度，这样烤出来的口感会更加蓬松。

1. 准备

在直径9—10cm（高5cm左右）的活底蛋糕模中垫一圈烘焙纸。要将烘焙纸裁得比蛋糕模略高一些。如果手边没有烘焙纸，也可以在蛋糕模的内侧刷上一层色拉油。

2. 倒入面糊

把活底蛋糕模放在电烤盘上，倒入部分面糊，填满蛋糕模的七八成即可。请根据蛋糕模的不同尺寸，相应地调整面糊的量和煎制的时间。

3. 煎制

盖上电烤盘的盖子煎4分半钟，然后将蛋糕模迅速地翻面，盖上盖子继续煎4分半钟。

> *Point*
>
> 在盖上锅盖时，如果蛋糕模过高，锅盖盖不严也没关系。翻面时蛋糕模外表比较滑，注意不要被烫伤，可以戴上隔热手套操作。

4. 完成

将煎好的松饼装盘，待温度稍降一些后去掉蛋糕模和烘焙纸。若想在刚烤好时去掉蛋糕模，请戴隔热手套操作，注意不要被烫伤。

V. 描花样

用巧克力面糊给松饼描出各种不同的花样,这样的松饼深受小朋友的欢迎。

1. 制作巧克力面糊

参照本书第5—6页制作基本面糊,取另外一只碗,舀取4大匙面糊,再加入一大匙低筋面粉和一小匙可可粉,充分混合材料。然后将巧克力面糊装入锥形裱花袋中,用剪刀在尖端剪出直径约5mm的开口。如果开口过小,巧克力面糊不容易被挤出来,也无法顺利绘出花样。

2. 描花样

在预热好的电烤盘上开始描花样。只要电烤盘达到一定的温度,就很容易描出漂亮的花样来。

Point
描花样下手要快,否则之前描好的花样很容易焦掉。还要注意花样的线条不能太细。此外,若想要写字的话,记得左右颠倒过来描哦!

3. 倒入面糊

用汤匙舀取面糊,浇在描好的花样上,然后盖上锅盖煎制。

Point
要尽量让花样位于松饼的中央,根据描花样的先后顺序倒入面糊。如果在没煎好的状况下移动面糊,那花样就不能和面糊很好地融合。

4. 翻面

因为描有花样的一面很容易烤焦,所以要根据描花样的顺序翻面。翻面之后盖上锅盖继续煎烤。请根据面糊的大小相应调整煎烤的时间。

Part 2
甜点系舒芙蕾松饼

01 鲜奶油浆果舒芙蕾松饼

超可爱的粉色舒芙蕾松饼,轻松俘获你的少女心!
草莓味的松饼,佐以满满的鲜奶油和水果,装点出一款公主风的舒芙蕾松饼。给予你视觉和味觉的双重享受!

基本面糊

 +

食用色素　草莓粉　新鲜草莓　新鲜蓝莓　牛奶鲜奶油　薄荷　糖粉

材料（一盘份）

● 面糊

A
- 蛋黄　1个
- 牛奶　1大匙
- 低筋面粉　15克
- 脱脂奶粉　1/4小匙
- 泡打粉　1/4小匙
- 草莓粉　1/2小匙
- 食用色素　粉色　适量

B
- 蛋白　1个
- 细砂糖　1大匙

色拉油　适量

● 配料
- 新鲜草莓　适量
- 新鲜蓝莓　适量
- 薄荷　适量
- 糖粉　适量
- 牛奶鲜奶油★　适量

◆ **牛奶鲜奶油**

材料（一盘份）
- 鲜奶油　100克
- 炼乳　1大匙

制作方法：
在同一个碗里加入鲜奶油和炼乳，使用手持电动搅拌器将其打发至能拉出一个短小直立的尖角的程度。

制作方法

1. 参考本书第4—6页制作面糊，将食用色素和蛋黄、牛奶一同加入搅拌。**如图1**
2. 松饼煎好之后装盘，浇上牛奶鲜奶油和水果，再盖上另一片松饼。**如图2**
3. 在松饼上再浇一些牛奶鲜奶油，并用一些水果、薄荷、糖粉做点缀。**如图3**

1.

依据自己对颜色浓度的喜好，调整色素用量。加一些红色食用色素会让松饼变成粉色。如果颜色太淡，煎好之后的松饼颜色就不会很明显。

2.

两块松饼之间也要加上满满的牛奶鲜奶油和水果。

3.

最后在顶层松饼上浇上牛奶鲜奶油，再点缀上各种缤纷可爱的水果吧！

一道华丽的、散发出浓浓春天气息的舒芙蕾松饼就完成啦！可根据自己的喜好点缀上其他水果。粉红色草莓味的松饼别具一番风味。

02 焦糖苹果舒芙蕾松饼

在裹着糖衣的苹果烤片上淋上焦糖酱,让松饼呈现出如烤布蕾般香脆的口感。
入口微苦但却十分香脆的焦糖,和松软的舒芙蕾松饼实在是绝配。

基本面糊

 +

苹果　　　细砂糖　　　无盐黄油　　香草冰淇淋

材料（一盘份）
● 面糊

A
- 蛋黄　1个
- 牛奶　1大匙
- 低筋面粉　15克
- 脱脂奶粉　1/4小匙
- 泡打粉　1/4小匙
- 黄油　2大匙

B
- 蛋白　1个
- 细砂糖　1大匙

C 苹果（切成薄片）　6片

色拉油　适量

● 配料

香草冰淇淋　适量
焦糖苹果★　适量

◆ **焦糖苹果**

材料（一盘份）
- 苹果　1/2个
- 细砂糖　15克
- 无盐黄油　5克

制作方法：
Ⅰ. 让黄油在平底锅中熔化，然后倒入苹果煎至两面焦黄。
Ⅱ. 加入细砂糖，让苹果挂上焦糖色。**如图2**

制作方法

1. 参考本书第4—6页制作面糊，煎两块松饼。倒入两份面糊，并在每片面糊上摆3片苹果薄片。**如图1**
2. 松饼煎好之后装盘，再点缀上各种配料。**如图3**

1.

如果苹果片切得太厚则容易陷进面糊中，所以一定要切成薄片。

2.

让苹果块挂上焦糖色。可以根据自己的喜好来决定煎制时间。颜色深则味道较苦，颜色浅则味道较甜，小朋友会更喜欢。

3.

放上苹果块，再淋上焦糖汁，看起来就让人有食欲吧！

在热乎乎的焦糖苹果松饼上盖上一个冰凉的香草味冰淇淋，别有一番风味哦！焦糖苹果冷却之后会变成香脆的口感。

03 椰香芒果舒芙蕾松饼

椰子风味的鲜奶油搭配芒果果肉,就是一道充满南国风味的舒芙蕾松饼。

材料(两人份)

●面糊

A
- 蛋黄 1个
- 牛奶 1大匙
- 低筋面粉 15克
- 脱脂奶粉 1/4小匙
- 泡打粉 1/4小匙

B
- 蛋白 1个
- 细砂糖 1大匙

色拉油 适量

●配料
- 芒果(切块) 适量
- 芒果汁 适量
- 椰子丝(烤过) 适量
- 椰子鲜奶油★ 适量

制作方法

1. 参考本书第4—6页制作面糊,松饼两面各煎2分半钟。
2. 松饼煎好之后装盘,加上椰子鲜奶油,再点缀上各种配料。

◆ **椰子鲜奶油**

材料(一盘份)
鲜奶油 100克
炼乳 1大匙
椰子粉 2大匙

※请参考第23页牛奶鲜奶油的制作方法。

基本面糊

 +

芒果粉　椰子鲜奶油　芒果(切块) 　芒果酱　椰子丝(烤过)

04 哈密瓜球舒芙蕾松饼

哈密瓜味道的松饼,点缀上满满的哈密瓜和鲜奶油,成为一道可爱的小甜点。

材料（一盘份）

● 面糊

A
- 蛋黄 1个
- 牛奶 1大匙
- 低筋面粉 15克
- 脱脂奶粉 1/4小匙
- 泡打粉 1/4小匙
- 哈密瓜香精 数滴
- 食用色素 绿色 适量

B
- 蛋白 1个
- 细砂糖 1大匙

色拉油 适量

● 配料
- 双色哈密瓜（用挖球器挖成球状）适量
- 薄荷 适量
- 糖粉 适量
- 牛奶鲜奶油 适量

※ 参考第23页的制作方法。

制作方法

1. 将A类材料中的蛋黄、牛奶和哈密瓜香精放在同一个碗里，用搅拌器充分搅拌，再加入食用色素着色。最后加入A类材料中的其他粉类，搅拌均匀。
2. 参考本书第4—6页的面糊制作过程做好松饼。
3. 松饼煎好之后装盘，加上牛奶鲜奶油，再点缀上两种颜色的哈密瓜，最后将另一片松饼盖在上面做成夹心三明治。
4. 用裱花袋在最上层的松饼上挤一圈奶油花，再摆上配料就大功告成啦!

基本面糊

 +

食用色素　哈密瓜香精　哈密瓜(黄)　哈密瓜(绿)　牛奶鲜奶油　薄荷　糖粉

05 白巧克力舒芙蕾松饼

纯白的色调,无论是视觉还是味觉都堪称绝佳的一款松饼。

材料（一盘份）

●面糊

A
- 蛋黄　1个
- 牛奶　1大匙
- 低筋面粉　15克
- 脱脂奶粉　1/4小匙
- 泡打粉　1/4小匙

B
- 蛋白　1个
- 细砂糖　1大匙

C
- 白巧克力碎片　2大匙
- 色拉油　适量

●配料
白巧克力酱★　适量

制作方法

1. 参考本书第4—6页的面糊制作过程做好松饼。混合好各种粉类材料之后，再将白巧克力碎片加进去搅拌均匀。
2. 两片松饼煎好之后叠在一起装盘，再淋上白巧克力酱就完成了。

◆ **白巧克力酱**

材料（一盘份）
白巧克力　60克
鲜奶油　40克
制作方法：
将材料放入碗中混合，用微波炉以500瓦的火力加热30秒，再用勺子搅拌均匀即可。

基本面糊 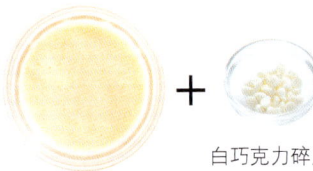 +   白巧克力碎片　白巧克力酱

06 橙味巧克力舒芙蕾松饼

橙子的清爽口感配上巧克力的香甜，混合成绝妙风味的舒芙蕾松饼。

材料（一盘份）

● 面糊

A
- 蛋黄 1个
- 牛奶 1大匙
- 低筋面粉 10克
- 可可粉 5克
- 脱脂奶粉 1/4小匙
- 泡打粉 1/4小匙
- 糖渍橙皮 1大匙

B
- 蛋白 1个
- 细砂糖 1大匙

色拉油 适量

● 配料

巧克力酱（市售产品） 适量
橙子（切成扇形） 适量

制作方法

1. 在烤盅内侧均匀地涂上一层黄油，再撒上一层糖粉，将烤箱以200℃预热。
2. 参考本书第4—6页制作面糊。将粉类都混合均匀之后，加入A类材料中的糖渍橙皮进行混合。
3. 将混合均匀的面糊倒入烤盅。黏在烤盅边缘的面糊要清理干净。
4. 将烤盅放入烤箱，以200℃烤制6分钟，然后将温度下调至180℃再烤5分钟。
5. 装盘，点缀上配料。

基本面糊

 +

可可粉　糖渍橙皮　橙子　巧克力酱

07 香蕉巧克力舒芙蕾松饼

香蕉巧克力口味的舒芙蕾松饼可是深受小朋友欢迎的哦！
奶油花边让松饼瞬间有了雅致的味道。

基本面糊

 +

可可粉　　　香蕉　　　牛奶鲜奶油　　巧克力酱

材料（一盘份）

● 面糊

A
- 蛋黄　1个
- 牛奶　1大匙
- 低筋面粉　15克
- 可可粉　1/4小匙
- 脱脂奶粉　1/4小匙
- 泡打粉　1/4小匙

B
- 蛋白　1个
- 细砂糖　1大匙

色拉油　适量

● 配料

香蕉（切成薄圆片）　适量
巧克力酱　适量
牛奶鲜奶油　适量
※参照第23页制作

制作方法

1. 请参考本书第4—6页制作面糊。**如图1**
2. 将电烤盘预热到200℃，然后将温度下降到180℃，倒入面糊。
3. 盖上锅盖煎2分半钟，翻面后再盖上锅盖煎2分半钟。
4. 将煎好的松饼装盘，裱上缎带状的奶油花边，再点缀上香蕉和巧克力酱。**如图2、3**

1.

将可可粉和所有粉类材料分别过筛，混合均匀。

2.

在裱花时，上下移动裱花袋就可以挤出缎带状的奶油花边了。挤完两圈奶油花，松饼看起来就更加华丽了。

3.

将香蕉片放在最中间，然后在上面淋上美味的巧克力酱。

和牛奶搭配，作为早点食用，营养更全面哦！

08 双重巧克力舒芙蕾松饼

整个松饼从里到外都是巧克力，就连奶油也是巧克力味的哦！
真是对巧克力毫无抵抗力呢，
喜欢巧克力的人可不要错过这一款美味的松饼哦！

基本面糊

 +

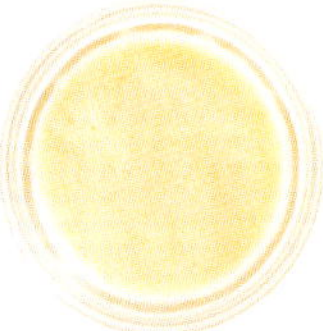

巧克力碎片 　　黑樱桃　　巧克力鲜奶油　　可可粉

材料（一盘份）

●面糊

A
- 蛋黄　1个
- 牛奶　1大匙
- 低筋面粉　15克
- 脱脂奶粉　1/4小匙
- 泡打粉　1/4小匙
- 巧克力碎片　1大匙

B
- 蛋白　1个
- 细砂糖　1大匙

C
- 巧克力碎片　适量

色拉油　适量

●配料

- 罐装黑樱桃　适量
- 可可粉　适量
- 巧克力鲜奶油★　适量

◆ 巧克力鲜奶油

材料（一盘份）
- 奶油　50克
- 巧克力　30克

制作方法：
将巧克力隔水加热熔化，然后分多次加入鲜奶油，每次加入的量要小。用手持电动搅拌器打发至能拉出一个短小直立的尖角即可。如图2

制作方法

1. 请参考本书第4—6页制作面糊。将其他粉类材料都混合均匀之后，加入A类材料中的巧克力碎片，混合均匀。
2. 将电烤盘预热到200℃，然后下调到180℃，将面糊全部倒入锅中，做成一大块松饼。之后撒上C类材料中的巧克力碎片。如图1
3. 盖上锅盖煎2分半钟，翻面后再次盖上锅盖煎2分半钟。
4. 将煎好的松饼装盘，点缀上配料。如图3

1.

不仅是面糊内部，表面也要撒上巧克力碎片，让面糊中饱含巧克力风味。

2.

在制作巧克力鲜奶油时，如果一次性倒入过多过凉的奶油，会使巧克力凝固。所以要一边搅拌一边少量地加入。

3.

用两根汤匙将巧克力鲜奶油调整成椭圆状，放在松饼上。

浓郁醇厚的巧克力风味，搭配酸甜口味的黑樱桃，味道简直无可挑剔。

09 法式栗子泥（蒙布朗）舒芙蕾松饼

借助无底蛋糕模烤出有厚度的舒芙蕾松饼。
更加突出舒芙蕾特有的松软口感，柔软的法式栗子泥则是它的完美搭档。
这是一款十分适合在秋季享用的舒芙蕾松饼。

基本面糊

 +

水煮栗子　栗子奶油　糖粉

材料（一盘份）

● 面糊

A
- 蛋黄　1个
- 牛奶　1大匙
- 低筋面粉　15克
- 脱脂奶粉　1/4小匙
- 泡打粉　1/4小匙
- 水煮栗子（切成1厘米的小块）　1个

B
- 蛋白　1个
- 细砂糖　1大匙

色拉油　适量

● 配料
- 水煮栗子　适量
- 糖粉　适量
- 栗子奶油★　适量

◆ 栗子奶油

材料（一盘份）
- 栗子酱　60克
- 鲜奶油　50克

制作方法

1. 请参考本书第19页准备无底蛋糕模。
2. 参考本书第4—6页制作面糊。将其他粉类材料都混合均匀之后，再加入水煮栗子，搅拌均匀。
3. 将电烤盘预热到200℃，然后下调到180℃，将面糊倒入无底蛋糕模中。如图1
3. 盖上锅盖煎4分半钟，翻面后再盖上锅盖煎4分半钟。
4. 将煎好的松饼装盘，抹上打发好的鲜奶油再挤上栗子奶油，最后用水煮栗子和糖粉做点缀。如图3

制作方法：

Ⅰ. 在锅中放入栗子酱，然后分多次少量地加入鲜奶油，用手持电动搅拌器打发至能拉出一个短小直立的尖角即可。如图2
Ⅱ. 记得要在裱花袋口上装一个制作法式栗子泥专用的裱花嘴。

1.

利用无底蛋糕模烤出来的松饼有一定的高度。由于松饼较厚所以煎制的时间也要延长，缓缓地让松饼里外都均匀受热。

2.

请注意栗子奶油不要过度打发，否则会造成奶油分离。

3.

挤上一层厚厚的栗子奶油，做成法式栗子泥的样子。

厚厚的松饼给人松软的口感。松饼中的栗子夹心用料十足，喜欢栗子口味的朋友可不要错过哦！

10 提拉米苏舒芙蕾松饼

咖啡风味的松饼,搭配马斯卡彭芝士和可可粉,成为一款提拉米苏风味的舒芙蕾松饼。入口即化的芝士和舒芙蕾松饼的组合,如蛋糕一般丰富的口感。

基本面糊

+

速溶咖啡　马斯卡彭芝士

可可粉

材料（一盘份）

● 面糊

A
- 蛋黄　1个
- 牛奶　1大匙
- 低筋面粉　15克
- 脱脂奶粉　1/4小匙
- 泡打粉　1/4小匙
- 速溶咖啡　1大匙

B
- 蛋白　1个
- 细砂糖　1大匙

色拉油　适量

● 配料

可可粉　适量
马斯卡彭芝士奶油★　适量

◆ 马斯卡彭芝士奶油

材料（一盘份）

A
- 马斯卡彭芝士　60克
- 细砂糖　10克

B
- 鲜奶油　60克
- 咖啡甜酒　1/2大匙

制作方法：

Ⅰ. 将A类材料放入同一个碗中，用手持电动搅拌器搅拌均匀。如图2

Ⅱ. 加入B类材料，打发至能拉出一个短小直立的尖角的状态。

制作方法

1. 参考本书第4—6页的面糊制作过程做好松饼。如图1
2. 在容器底部放一块煎好的松饼，倒入一半量的马斯卡彭芝士奶油，再盖上另一块松饼。
3. 将剩余的马斯卡彭芝士奶油全部倒在松饼上，将表面抹平之后撒上可可粉即可。如图3

1.

将牛奶和速溶咖啡混合，搅拌均匀。

2.

将马斯卡彭芝士和细砂糖加入碗中，用手持电动搅拌器搅拌均匀。然后加入鲜奶油、咖啡甜酒，打发至能拉出一个短小直立的尖角即可。

3.

将表面抹平，撒上满满的可可粉。

将成品装在提拉米苏专用的容器中，用小汤匙舀取品尝吧！

11 夏威夷果奶油舒芙蕾松饼

要想成功做出一款在夏威夷具有超高人气的夏威夷果奶油舒芙蕾，醇厚温和的奶油酱是关键哦！

基本面糊

夏威夷果　　夏威夷果奶油酱

材料（一盘份）

● 面糊

A
- 蛋黄　1个
- 牛奶　1大匙
- 低筋面粉　15克
- 脱脂奶粉　1/4小匙
- 泡打粉　1/4小匙

B
- 蛋白　1个
- 细砂糖　1大匙

C
- 夏威夷果（烤过并切成碎粒）　适量

色拉油　适量

● 配料

夏威夷果
（烤过并切成碎粒）　适量
夏威夷果奶油酱★　适量

制作方法

1. 请参考本书第4—6页制作面糊，将C类材料加入面糊中煎制。
2. 将两块松饼叠放在盘子里，淋上夏威夷果奶油酱，再点缀上配料即可。如图3

◆ **夏威夷果奶油酱**

材料（一盘份）

低筋面粉　1/2大匙
黄油　1大匙
牛奶　100毫升

A
- 鲜奶油　80毫升
- 细砂糖　1大匙

B
- 香草豆荚　1/2根
- 炼乳　2大匙

C
- 夏威夷果（烤过）　3大匙

制作方法：

Ⅰ. 将夏威夷果用电动研磨机打成粉末状。如图1
Ⅱ. 将A类材料全都放入一个碗中，用手持电动搅拌器打发至浓稠状。
Ⅲ. 在锅中加入黄油，用中火将其熔化，然后加入低筋面粉，搅拌均匀。
Ⅳ. 将牛奶少量多次地加入锅中，与其他材料充分混合之后，加入步骤Ⅰ.中的夏威夷果粉和B类材料，煮至浓稠状态即可。如图2
Ⅴ. 关火，将步骤Ⅱ.中的材料加入其中，搅拌均匀即可。

1.

使用电动研磨机将夏威夷果打成粉末状。

2.

煮的时候注意不要让材料烧焦。

3.

最后撒上切成粗粒的夏威夷果来丰富口感。

请蘸满浓醇的酱汁后享用。

12 盐味黄油奶糖舒芙蕾松饼

在加入了香草豆荚的香甜松饼上，淋上一层冰冰凉的香草冰淇淋和盐味黄油奶糖酱。
甜甜的香草风味与淡淡盐味的组合，口感甜而不腻！

基本面糊

香草豆荚　　盐味黄油奶糖酱　　香草冰淇淋

材料（一盘份）

● 面糊

A
- 蛋黄　1个
- 牛奶　1大匙
- 低筋面粉　15克
- 脱脂奶粉　1/4小匙
- 泡打粉　1/4小匙
- 香草豆荚　1/2根

B
- 蛋白　1个
- 细砂糖　1大匙

色拉油　适量

● 配料

香草冰淇淋　适量
盐味黄油奶糖酱 ★　适量

制作方法

1. 请参考本书第4—6页制作面糊。将所有粉类材料都混合好之后，再加入香草豆荚。如图1
2. 将煎好的松饼装盘，加上香草冰淇淋，再淋上盐味黄油奶糖酱。如图3

1.

剥开香草豆荚，将里面的香草籽放入碗中。

◆ 盐味黄油奶糖酱

材料（一盘份）

A
- 细砂糖　30克
- 水　2小匙

B
- 黄油　5克
- 盐　两小撮
- 鲜奶油　10克

制作方法：

I. 将A类材料全部放进耐热容器中，用微波炉以600瓦的火力加热4—5分钟。
II. 趁热将B类材料倒入并搅拌均匀。如图2

2.

用微波炉加热后，一定要趁热搅拌均匀。冷却凝固之后就很难搅拌了。

请在冰冰凉的香草冰淇淋上淋一些热腾腾的盐味黄油奶糖后享用。酱汁稍带点咸味，能很好地中和冰淇淋的甜腻。

3.

在香草冰淇淋上淋上满满的盐味黄油奶糖酱。

13 红豆抹茶舒芙蕾松饼

这道甜点有新鲜铜锣烧的味道,喜欢日式点心的朋友绝对不能错过!

材料(一盘份)
●面糊

A
- 蛋黄 1个
- 牛奶 1大匙
- 低筋面粉 15克
- 抹茶粉 1/4 小匙
- 脱脂奶粉 1/4 小匙
- 泡打粉 1/4 小匙

B
- 蛋白 1个
- 细砂糖 大匙

色拉油 适量

●配料
- 糖煮栗子(切成5毫米的碎粒) 适量
- 水煮红豆 适量
- 抹茶粉 适量
- 红豆鲜奶油★ 适量

制作方法
1. 请参考本书第4—6页制作面糊,煎好4块松饼。
2. 在两块松饼间夹上红豆鲜奶油、水煮红豆和糖煮栗子丁。

◆ **红豆鲜奶油**
材料(一盘份)
水煮红豆 2大匙
炼乳 1/2 大匙
鲜奶油 60克
制作方法:
请参考第23页牛奶鲜奶油的制作方法。

基本面糊
 +

抹茶粉　　糖煮栗子　　水煮红豆　　红豆鲜奶油

14 红糖栗子舒芙蕾松饼

这是一道搭配咖啡和日本茶都十分完美的和风松饼。

材料（一盘份）

●面糊

A
- 蛋黄　1个
- 牛奶　1大匙
- 低筋面粉　15克
- 脱脂奶粉　1/4 小匙
- 泡打粉　1/4 小匙

B
- 蛋白　1个
- 红糖　1大匙

C
- 栗子（切成5毫米的碎粒）适量

色拉油　适量

●配料
- 黄豆粉　适量
- 栗子　适量
- 红糖汁　适量
- 黄豆粉鲜奶油★　适量

制作方法

1. 请参考本书第4—6页制作面糊，将C类材料中的栗子加在面糊中煎制。
2. 将煎好的松饼切开装盘，点缀上配料。再用另一个小碟子盛红糖汁。

◆ **黄豆粉鲜奶油**

材料（一盘份）

A
- 黄豆粉　1大匙
- 炼乳　1大匙

鲜奶油40克

制作方法：
Ⅰ. 将A类材料放入碗中充分搅拌。
Ⅱ. 将鲜奶油加入其中，用手持电动搅拌器打发至能拉出一个短小直立的尖角即可。

基本面糊

 +

栗子　黄豆粉鲜奶油　红糖汁　黄豆粉

15 紫薯舒芙蕾松饼

紫薯味的松饼和红薯味鲜奶油，
两种薯类味道的松饼十分受女孩子欢迎！

基本面糊

 +

紫薯粉　　红薯鲜奶油　　黑芝麻　　黑芝麻酱　　干红薯片

材料（一盘份）

● 面糊

A
- 蛋黄　1个
- 牛奶　1大匙
- 低筋面粉　15克
- 紫薯粉　1/4小匙
- 脱脂奶粉　1/4小匙
- 泡打粉　1/4小匙

B
- 蛋白　1个
- 细砂糖　1大匙

色拉油　适量

● 配料

黑芝麻　适量
黑芝麻酱　适量
干红薯片　适量
红薯鲜奶油★　适量

◆ **红薯鲜奶油**

材料（一盘份）

红薯　60克

A
- 炼乳　1大匙
- 鲜奶油　50克

制作方法：

Ⅰ. 将红薯煮烂，趁热用叉子将其捣烂成泥，再冷却备用。**如图 2**

Ⅱ. 将红薯泥和A类材料一起放入碗中，用手持电动搅拌器打发至能拉出一个短小直立的尖角即可。**如图 3**

制作方法

1. 请参考本书第4—6页制作面糊，将松饼煎好。**如图 1**
2. 将煎好的松饼装盘，淋上一层红薯鲜奶油，再盖上另一块松饼，最后点缀上配料就大功告成了。

1.

加入紫薯粉之后，要搅拌均匀。

2.

为了保留红薯的口感，不用捣得特别碎。

3.

让红薯泥稍稍冷却，在其还有温度的时候加入鲜奶油，并充分打发。

红薯味鲜奶油的口感，配上干红薯片和香味四溢的黑芝麻，尽情享用吧！

16 南瓜舒芙蕾松饼

适合作为早餐享用的松饼,营养和口感俱佳。

材料（一盘份）

● 面糊

A
- 蛋黄　1个
- 牛奶　1大匙
- 低筋面粉　15克
- 南瓜粉　1/4小匙
- 脱脂奶粉　1/4小匙
- 泡打粉　1/4小匙

B
- 蛋白　1个
- 细砂糖　1大匙

C
- 南瓜（切片）　6片
- 色拉油　适量

● 配料
- 肉桂粉　适量
- 南瓜肉桂鲜奶油★　适量

制作方法

1. 请参考本书第4—6页制作面糊并煎好松饼。
2. 将煎好的松饼装盘,用两根汤匙将南瓜肉桂鲜奶油调整成椭圆形,并撒上肉桂粉作装饰。

◆ **南瓜肉桂鲜奶油**

材料（一盘份）
- 南瓜粉　2小匙
- 细砂糖　1小匙
- 鲜奶油　50克
- 肉桂粉　少量

制作方法：
将所有材料倒进碗里,用手持电动搅拌器打发至浓稠状即可。

基本面糊

 ＋

南瓜粉　南瓜　南瓜肉桂鲜奶油　肉桂粉

17 蔬菜舒芙蕾松饼

即使是讨厌吃胡萝卜的小朋友也会喜欢上的一款创意松饼。

材料（一盘份）

●面糊

A
- 蛋黄　1个
- 100% 蔬菜汁　1大匙
- 低筋面粉　15克
- 脱脂奶粉　1/4 小匙
- 泡打粉　1/4 小匙
- 胡萝卜泥　1大匙

B
- 蛋白　1个
- 细砂糖　1大匙

色拉油　适量

●配料
- 雪维菜　适量
- 蔬菜酱汁★　适量

制作方法

1. 将A类材料中的蛋黄和蔬菜汁倒入碗中，充分混合。再将A类材料中的粉类过筛，加入碗中继续搅拌，最后将胡萝卜泥加进去混合均匀。
2. 请参考本书第4—6页制作面糊并将松饼煎好。
3. 将松饼装盘，两块重叠着摆放。淋上蔬菜酱汁，最后点缀上胡萝卜丝和雪维菜即可。

◆ **蔬菜酱汁**

材料（一盘份）

A
- 胡萝卜（切丝）　7克
- 细砂糖　10克
- 蔬菜汁　50毫升

黄油　5克

制作方法：

将A类材料倒入锅中，煮至胡萝卜软烂为止。关火加入黄油，用余温将其熔化。

基本面糊  +

胡萝卜　　蔬菜酱汁　　雪维菜

18 里科塔芝士舒芙蕾松饼

富含浓浓咸香的里科塔芝士松饼,搭配香蕉、蜂蜜黄油的甜味,真是绝妙的组合!
无论是作为早餐或是午餐享用,都是不错的选择。

基本面糊

+ 里科塔芝士　　香蕉　　蜂蜜黄油　　蜂蜜

材料（一盘份）

● 面糊

A
- 蛋黄　1个
- 牛奶　1大匙
- 低筋面粉　15克
- 脱脂奶粉　1/4小匙
- 泡打粉　1/4小匙
- 里科塔芝士　50克

B
- 蛋白　1个
- 细砂糖　1大匙

C
- 香蕉（切成薄圆片）　10片

色拉油　适量

● 配料

蜂蜜　适量
嫩煎香蕉★　适量
蜂蜜黄油★　适量

◆ 嫩煎香蕉

材料（一盘份）
- 香蕉　1/2根
- 黄油　10克
- 细砂糖　5克

制作方法：
将黄油放在平底锅中熔化，加入香蕉，煎至两面微黄，再撒上细砂糖，让香蕉裹上焦糖。如图2

◆ 蜂蜜黄油

材料（一盘份）
- 黄油　20克
- 蜂蜜　1大匙

制作方法：
将黄油置于室温下软化，再与蜂蜜充分混合即可。如图3

制作方法

1. 请参考本书第4—6页制作面糊，在每块面糊上各放5片香蕉片。如图1
2. 将煎好的松饼装盘，两块重叠摆放。放上嫩煎香蕉，再淋上蜂蜜黄油，最后淋上蜂蜜即可。

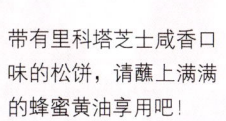

带有里科塔芝士咸香口味的松饼，请蘸上满满的蜂蜜黄油享用吧！

1.

请注意香蕉片不要切得太厚，否则容易陷入面糊之中。

2.

嫩煎香蕉的颜色要呈现图中的金黄色。

3.

凝固的黄油和蜂蜜很难混合，要先置于室温中软化后再操作。

19 蓝莓舒芙蕾松饼

仿佛芝士蛋糕一般的味道,但口感清淡,再多吃也不会腻。

材料（一盘份）

●面糊

A
- 蛋黄　1个
- 牛奶　1大匙
- 低筋面粉　15克
- 脱脂奶粉　1/4小匙
- 泡打粉　1/4小匙
- 奶油芝士　2大匙

B
- 蛋白　1个
- 细砂糖　1大匙

C
- 蓝莓　16粒
- 色拉油　适量

●配料
- 蓝莓　适量
- 薄荷　适量
- 糖粉　适量
- 蓝莓鲜奶油★　适量

制作方法

1. 请参考本书第4—6页制作面糊,将C类材料中的蓝莓放在面糊上煎制。待A类材料中的粉类都混合均匀之后,加入奶油芝士进行搅拌。
2. 将煎好的松饼装盘,淋上蓝莓鲜奶油,点缀上薄荷和糖粉即可。

◆ 蓝莓鲜奶油

材料（一盘份）
- 蓝莓果酱　15克
- 炼乳　1大匙
- 鲜奶油　50克

制作方法：
将蓝莓果酱、炼乳和鲜奶油一起放入碗中,用手持电动搅拌器打发至能拉出一个短小直立的尖角即可。

基本面糊

 +

奶油芝士　　蓝莓　　蓝莓鲜奶油　　薄荷

糖粉

20 橙味茅屋芝士舒芙蕾松饼

口感很清爽的一款舒芙蕾松饼,即使不爱吃甜食的人也会喜欢。

材料(一盘份)

●面糊

A
- 蛋黄 1个
- 橙子汁 1大匙
- 低筋面粉 15克
- 脱脂奶粉 1/4小匙
- 泡打粉 1/4小匙
- 茅屋芝士 30克

B
- 蛋白 1个
- 细砂糖 1大匙

C 橙子(切片) 2片

色拉油 适量

●配料

橙子酱★ 适量

制作方法

1. 请参考本书第4—6页制作面糊,将C类材料中的橙子片各放一片在面糊上煎制。将A类材料中的粉类都混合均匀之后,再加入茅屋芝士进行搅拌。
2. 将煎好的松饼装盘,淋上橙子酱即可。

◆ 橙子酱

材料(一盘份)

橙子汁 50毫升
细砂糖 10克
黄油 10克

制作方法:
将所有材料倒入锅中,点火煮至黏稠状态即可。

基本面糊

 +

茅屋芝士　　橙子　　橙子酱

21 草莓蛋糕舒芙蕾松饼

将松饼烤成像蛋糕一般大小，
不需要烤箱也能在短时间内做成可爱的蛋糕。

2倍量的基本面糊

草莓　　牛奶鲜奶油　　薄荷　　糖粉

材料（一盘份）

● 面糊

A
- 蛋黄　2个
- 牛奶　2大匙
- 低筋面粉　30克
- 脱脂奶粉　1/2小匙
- 泡打粉　1/2小匙

B
- 蛋白　2个
- 细砂糖　2大匙

色拉油　适量

● 配料

草莓　适量
薄荷　适量
糖粉　适量
牛奶鲜奶油　适量
※ 请参考本书第23页的制作方法

● 准备

在电烤盘上刷色拉油，并以230℃预热。

制作方法

1. 将A类材料中的蛋黄和牛奶倒入同一个碗中，用搅拌器充分混合。再将A类材料中的粉类过筛后倒入，继续搅拌混合。
2. 将B类材料中的蛋白放在另一个空碗中，用手持电动搅拌器打发，分两次加入细砂糖。打发至蛋白霜能拉出一个短小直立的尖角后，再继续低速打一小会儿。
3. 将蛋白霜倒入装有A材料的碗中，以切拌的方式混合均匀。
4. 将面糊分成两大片，倒入180℃的电烤盘中。**如图1**
5. 盖上锅盖，以180℃煎制3分钟，然后翻面盖上锅盖继续煎制3分钟。
6. 用抹刀将牛奶鲜奶油抹在煎好放凉的松饼上，摆上草莓，再挤一些鲜奶油作装饰。**如图2、3**
7. 将另一块松饼盖上去，继续挤上鲜奶油，并点缀上草莓、薄荷和糖粉。

1.

因为要做双层的松饼，倒入面糊时要尽量保持两块松饼大小一致。

2.

用抹刀在松饼表层涂上鲜奶油。

3.

并排摆上大量的草莓，瞬间让松饼华丽起来。当然你也可以换成其他你喜欢的水果。

插上蜡烛和生日牌，也可以做成生日蛋糕哦！

22 舒芙蕾松饼自助餐

将松饼做成各种可爱的造型，无论大人或小孩都会喜欢吃。
搭配各式奶油、酱汁、水果等，就像是舒芙蕾松饼主题的自助餐。

2倍量的基本面糊

巧克力面糊　　卡士达酱　　草莓　　果酱

材料（一盘份）

● 面糊

A
- 蛋黄　2个
- 牛奶　2大匙
- 低筋面粉　15克
- 脱脂奶粉　1/2小匙
- 泡打粉　1/2小匙

B
- 蛋白　2个
- 细砂糖　2大匙

C
- 低筋面粉　1大匙
- 可可粉　1小匙

色拉油　适量

● 配料

喜欢的水果　适量（草莓、蓝莓等）
果酱　适量
卡士达酱★　适量

◆ 卡士达酱

材料（一盘份）
- 低筋面粉　15克
- 细砂糖　30克
- 蛋黄　1个
- 牛奶　100毫升
- 香草豆荚　适量

制作方法：

Ⅰ. 将低筋面粉和细砂糖放入耐热容器中充分混合，之后加入蛋黄继续搅拌。

Ⅱ. 将牛奶少量多次地加入步骤Ⅰ.的材料中，混合均匀。

Ⅲ. 放入微波炉中以500瓦的火力加热1分钟。

Ⅳ. 用汤匙将所有材料搅拌均匀，再放入微波炉中以500瓦的火力加热1分钟，搅拌均匀即可。**如图3**

制作方法

1. 请参考本书第4—6页制作面糊，舀4大匙基本面糊置于其他碗中，加入C类材料中的低筋面粉、可可粉，混合均匀做成巧克力面糊。**如图1**
2. 将电烤盘的温度下调至180℃，用巧克力面糊描花样。**如图2**
3. 在花样上倒入面糊，做成小块的松饼。
4. 盖上电烤盘锅盖，煎1分半钟，翻面后盖上锅盖再煎1分半钟。
5. 将水果、卡士达酱、果酱等与松饼自由搭配组合。

1.

将一部分基本面糊与材料C混合，制作出描花样用的巧克力面糊。

2.

将巧克力面糊装入裱花袋中，前端剪开，在电烤盘上描花样。注意文字要左右颠倒着描。

3.

放入微波炉中加热后充分混合，重复操作2遍。

小巧可爱的松饼很适合用在小朋友们的聚会中。自由选择喜欢的配料来搭配，更受大家欢迎。

23 舒芙蕾松饼巧克力塔

将小块的松饼堆叠成塔，从上往下淋大量的巧克力酱，如同巧克力喷泉一般，让人食欲大开。

2倍量的基本面糊

巧克力火锅酱

材料（一盘份）
- 面糊

A
- 蛋黄　2个
- 牛奶　2大匙
- 低筋面粉　30克
- 脱脂奶粉　1/2小匙
- 泡打粉　1/2小匙

B
- 蛋白　2个
- 细砂糖　2大匙

色拉油　适量

- 配料

＊巧克力火锅酱（将C类材料放入碗中，用微波炉加热后搅拌均匀）

C
- 巧克力　90克
- 鲜奶油　35克
- 牛奶　30毫升

- 准备

将电烤盘刷上色拉油，以230℃预热。

制作方法
1. 将A类材料中的蛋黄和牛奶倒入同一个碗中，使用搅拌器充分混合。然后将A类材料中的粉类过筛后倒入，继续搅拌。
2. 将B类材料中的蛋白放在另一个空碗中，使用手持电动搅拌器轻轻打发，分两次加入细砂糖，再将蛋白霜打发至能拉出一个短小直立的尖角。最后再用低速打一小会儿。
3. 将蛋白霜倒入装有A类材料的碗中，以切拌的方式搅拌均匀。
4. 将电烤盘的温度下调至180℃，倒入30块小块面糊。
5. 盖上锅盖煎1分半钟，翻面后盖上锅盖继续煎1分半钟。
6. 将松饼叠成塔状装盘，从上方浇下巧克力火锅酱。如图1、2、3

1.

首先要摆第一层松饼，注意中间也要摆上一块。

2.

每加一层块数需递减，小心不要让松饼塔塌掉哦！

3.

为了稳定顶层的松饼，可以用两块松饼夹住它。

像这样淋上满满巧克力火锅酱的松饼塔，简直让人感觉太幸福啦！吃的时候注意要从上往下取用，小心不要碰坏了松饼塔哦！

24 混合坚果舒芙蕾松饼

富有嚼劲的坚果搭配入口即化的舒芙蕾松饼，成为一道口感反差极大的组合式甜点。再佐以口感微苦的果仁奶油，呈现给您高质感的味觉享受。

基本面糊

 +

混合坚果　　枫糖浆　　果仁奶油

材料（一盘份）

● 面糊

A
- 蛋黄　1个
- 牛奶　1大匙
- 低筋面粉　15克
- 脱脂奶粉　1/4小匙
- 泡打粉　1/4小匙

B
- 蛋白　1个
- 细砂糖　1大匙

C
- 混合坚果（烤过、切成粗粒）　2大匙

色拉油　适量

● 配料

枫糖浆　适量
混合坚果（烤过）　适量
果仁奶油★　适量

◆ 果仁奶油

材料（一盘份）
果仁酱　1大匙
炼乳　1大匙
鲜奶油　50克

制作方法：
I. 将果仁酱、炼乳和奶油一起倒入碗中，用手持电动搅拌器打发至如粥般浓稠状。如图2
II. 将做好的奶油装入带有星形裱花嘴的裱花袋中。

制作方法

1. 请参考本书第4—6页制作面糊，在每片面糊上撒一些C类材料中的混合坚果。**如图1**
2. 将煎好的松饼装盘，用果仁奶油裱花，点缀上混合坚果，最后淋上枫糖浆即可。**如图3**

1.

将切成粗粒的坚果均匀地撒在面糊上。注意要分散开来均匀地撒，否则果仁容易陷入面糊之中。

2.

打发果仁奶油时要迅速，并且需要充分打发，否则无法裱花。

3.

在松饼旁转着圈来裱花。也可以选用自己喜欢的其他形状的裱花嘴。

装盘的时候，在盘子周围也撒上一些坚果。一盘融合了满满果仁奶油和坚果的松饼就新鲜出炉啦！

25 水果酸奶舒芙蕾松饼

即使是还不能喝牛奶的小婴孩,也能品尝这款水果酸奶舒芙蕾松饼。

材料(一盘份)

●面糊

A
- 蛋黄 1个
- 酸奶 1大匙
- 低筋面粉 15克
- 脱脂奶粉 1/4小匙
- 泡打粉 1/4小匙
- 什锦浆果 10克

B
- 蛋白 1个
- 细砂糖 1大匙

色拉油 适量

●配料
- 猕猴桃 适量
- 蓝莓 适量
- 雪维菜 适量
- 酸奶酱★ 适量

制作方法

1. 请参考本书第4—6页制作面糊,将A类材料中的粉类过筛,混合均匀之后加入混合浆果进行搅拌。
2. 将煎好的松饼装盘,淋上酸奶酱,再点缀上配料即可。

◆ **酸奶酱**

材料(一盘份)
酸奶 200克
细砂糖 2小匙

制作方法:
将细砂糖加入沥干水分的酸奶中搅拌均匀即可。

基本面糊

什锦浆果　酸奶酱　猕猴桃　蓝莓　雪维菜

26 柠檬茶舒芙蕾松饼

这是一款适合在优雅的下午茶时间享用的松饼。

材料（一盘份）

●面糊

A
- 蛋黄 1个
- 牛奶 1大匙
- 低筋面粉 15克
- 脱脂奶粉 1/4小匙
- 泡打粉 1/4小匙
- 伯爵茶粉 1大匙

B
- 蛋白 1个
- 细砂糖 1大匙

色拉油 适量

●配料

柠檬（切片） 适量
凝脂奶油 适量

制作方法

1. 请参考本书第4—6页制作面糊。将A类材料中的粉类混合均匀后，加入伯爵茶粉进行搅拌。
2. 将煎好的松饼装盘，两块重叠摆放，点缀上柠檬片和凝脂奶油即可。

基本面糊

伯爵茶粉　　柠檬　　凝脂奶油

27 曲奇奶油舒芙蕾松饼

松饼和奶油中都加入了奥利奥曲奇碎,每一口都有酥脆的口感。
带有美式风味的舒芙蕾松饼,深受大人、小孩的欢迎。

基本面糊

+ 奥利奥曲奇　　曲奇鲜奶油　　糖粉

材料（一盘份）

●面糊

A
- 蛋黄　1个
- 牛奶　1大匙
- 低筋面粉　15克
- 脱脂奶粉　1/4小匙
- 泡打粉　1/4小匙
- 奥利奥曲奇　3片

B
- 蛋白　1个
- 细砂糖　1大匙

色拉油　适量

●配料

奥利奥曲奇　适量
糖粉　适量
曲奇鲜奶油★　适量

◆ **曲奇鲜奶油**

材料（一盘份）
奥利奥曲奇　2片
炼乳　1大匙
鲜奶油　50克

制作方法：
将捣碎的奥利奥曲奇、炼乳和鲜奶油一起倒入碗中，使用手持电动搅拌器打发至能拉出一个短小直立的尖角即可。如图2

制作方法

1. 请参考本书第4—6页制作面糊。将A类材料中的粉类都混合均匀之后，加入奥利奥曲奇搅拌均匀。如图1
2. 将煎好的松饼装盘，两块重叠摆放，点缀上配料即可。如图3

1.

将奥利奥曲奇掰碎，加入面糊中混合均匀。

2.

将捣碎的奥利奥曲奇和其他材料放入碗中，用手持电动搅拌器打发。

3.

在曲奇鲜奶油的上面再加上一块奥利奥曲奇作装饰。

只要一口，既能感受到曲奇的香脆口感，又有舒芙蕾松饼和鲜奶油的柔软滋味！

28 香蕉全麦舒芙蕾松饼

使用全麦面粉制成,营养与美味满分。

材料(一盘份)

●面糊

A
- 蛋黄 1个
- 牛奶 1大匙
- 全麦面粉 15克
- 脱脂奶粉 1/4小匙
- 泡打粉 1/4小匙
- 香蕉(用叉子捣成泥) 1根

B
- 蛋白 1个
- 细砂糖 1大匙

色拉油 适量

●配料
- 香蕉(用压花器切成花朵形状) 适量
- 薄荷 适量
- 枫糖浆 适量

制作方法

1. 请参考本书第4—6页制作面糊。将A类材料中的粉类都混合均匀之后,加入捣烂的香蕉进行搅拌。
2. 将煎好的松饼装盘,两块重叠摆放,点缀上配料,再加上糖粉和枫糖浆。

基本面糊

香蕉　薄荷　枫糖浆

Part 3
咸食系舒芙蕾松饼

29 肉酱舒芙蕾松饼

在加入了菠菜的松饼上满满地盖上一层肉酱,蔬菜和肉类的搭配,
营养更均衡,十分适合加入午餐食谱。
小朋友也会很喜欢的哦!

基本面糊

菠菜　　肉酱　　芝士粉

材料（一盘份）

●面糊

A
- 蛋黄　1个
- 牛奶　1大匙
- 低筋面粉　15克
- 泡打粉　1/4小匙
- 盐　1/4小匙

B
- 蛋白　1个
- 细砂糖　1小匙

C
- 菠菜（用盐水汆烫，切成3厘米的小段）　20克

色拉油　适量

●配料

芝士粉　适量
肉酱★　适量

制作方法

1. 请参考本书第4—6页制作面糊，将C类材料中的菠菜摆在面糊上煎制。**如图1**
2. 将煎好的松饼装盘，浇上肉酱，再根据个人喜好撒上芝士粉即可。**如图3**

1.

在面糊上放上菠菜，切记菠菜要沥干水分后使用。

2.

在锅中炒好肉酱，记得要保留一些水分，让肉酱更加多汁可口。

3.

根据个人喜好撒上芝士粉。

◆ **肉酱**

材料（一盘份）

混合肉馅　100克
蒜泥　3克

A
- 洋葱（切碎末）　40克
- 胡萝卜（切碎末）　20克
- 芹菜（切碎末）　10克

B
- 切块番茄罐头　100克
- 高汤粉　1/2小匙
- 细砂糖　1小匙
- 番茄酱　1/2大匙
- 伍斯特郡酱　1/2小匙

红酒　1大匙
盐　少许
黑胡椒末　少许
色拉油　适量

制作方法：

Ⅰ. 在混合肉馅中加入少许盐和黑胡椒末搅拌均匀，预先调味。
Ⅱ. 在锅里倒入色拉油，放入蒜泥，以微火煸出香味，再将A类材料倒入锅中，调成中火继续翻炒。
Ⅲ. 将炒好的蔬菜拨至锅边，放入搅拌好的肉馅翻炒至八分熟。
Ⅳ. 将锅中的食材拌炒均匀后加入红酒，加热至沸腾，将酒精蒸发掉。
Ⅴ. 将B类材料加入锅中，以微火煮5分钟。**如图2**
Ⅵ. 加入少许盐和黑胡椒末调味。

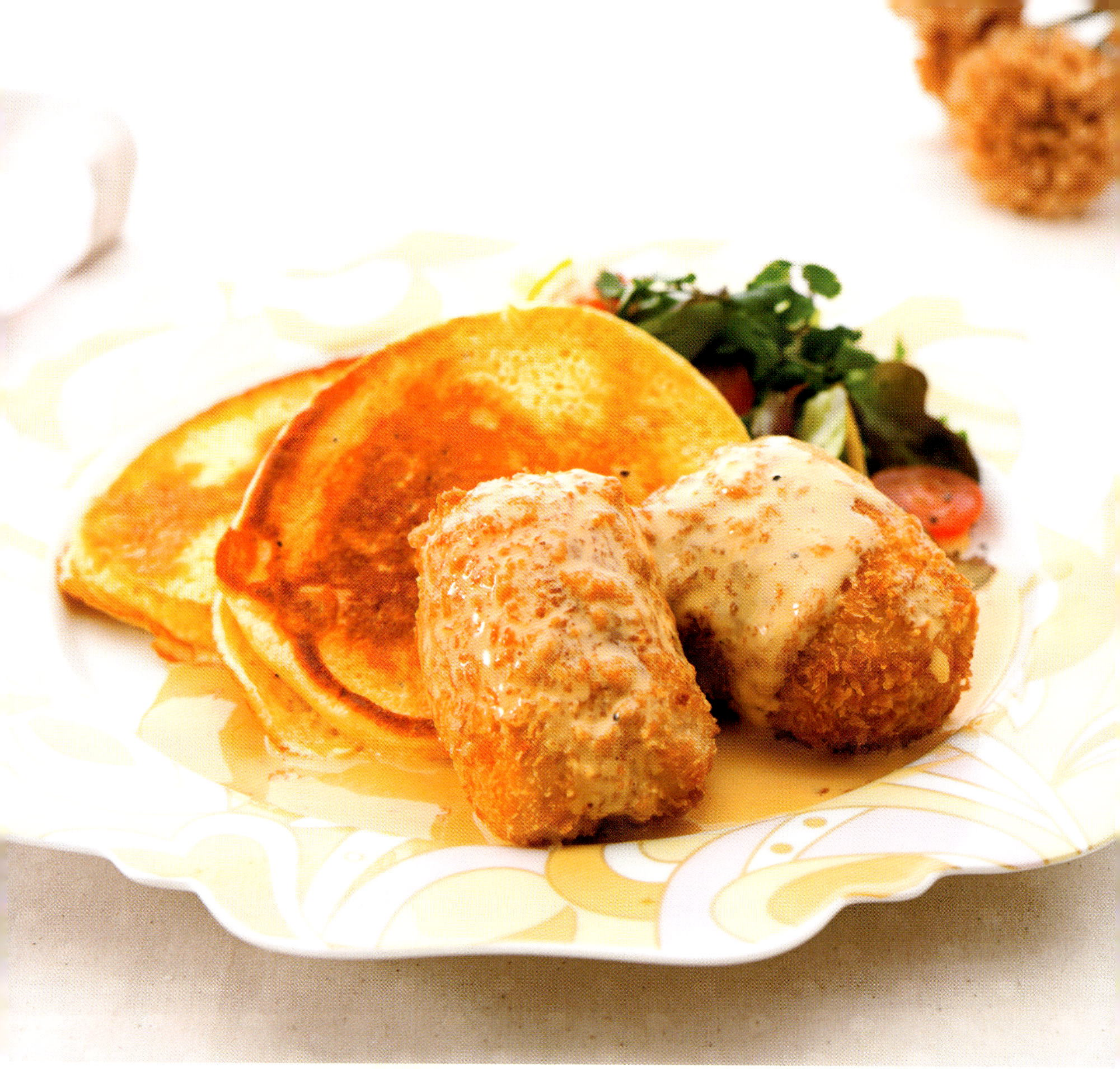

30 蟹肉奶油可乐饼舒芙蕾松饼（佐以海胆奶油酱）

将切碎的洋葱拌进面糊中一同煎制，搭配蟹肉可乐饼，再淋上海胆奶油酱，
略带咸味的奶油与松饼的搭配十分完美。

基本面糊

+

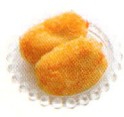

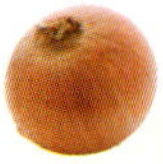

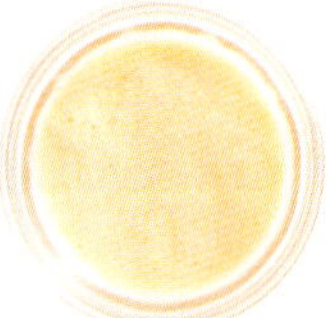

洋葱

蟹肉可乐饼

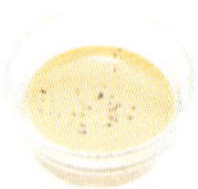

海胆奶油酱

材料（一盘份）

●面糊

A
- 蛋黄　1个
- 牛奶　1大匙
- 低筋面粉　15克
- 泡打粉　1/4小匙
- 盐　1/4小匙
- 洋葱（切碎用微波炉加热）　20克

B
- 蛋白　1个
- 细砂糖　1小匙

色拉油　适量

●配料

蟹肉可乐饼★　2个
海胆奶油酱★　适量

制作方法

1. 请参考本书第4—6页制作面糊。A类材料中的洋葱在粉类材料混合均匀之后加入。如图1
2. 将煎好的松饼装盘，摆上蟹肉可乐饼，浇上海胆奶油酱就完成了。如图3

1.

将用微波炉加热过的洋葱碎末倒入面糊中搅拌。洋葱也可以用平底锅炒熟。

◆ **蟹肉可乐饼**

材料（2个份）

- 洋葱（切碎末）　35克
- 蟹肉罐头　30克
- A
  - 白酱罐头　1/2罐
  - 白葡萄酒　1大匙
- 鸡蛋　1个
- 小麦粉　1大匙
- 面包粉　适量
- 色拉油　适量
- 煎炸油　适量

制作方法：

Ⅰ. 在锅中加入色拉油，油热后倒入洋葱炒至软化。
Ⅱ. 加入蟹肉罐头略微拌炒，再将A类材料全部倒入锅中，煮一会儿将水分收干。
Ⅲ. 将炒好的材料倒入方形平底盘中，放入冰箱冷却。
Ⅳ. 将冷却后的材料平分成两份，做成椭圆的造型，按顺序裹上小麦粉、鸡蛋、面包粉，再放到170℃的煎炸油中炸至金黄即可。

2.

海胆奶油酱的做法非常简单，只需要将所有材料下锅加热，再搅拌均匀即可。

◆ **海胆奶油酱**

材料（一盘份）

- 海胆酱　1大匙
- 鲜奶油　37克
- 盐　少许
- 黑胡椒末　少许
- 蛋黄　半个
- 牛奶　1/3大匙

制作方法：

将材料放入锅中，以小火边加热边搅拌均匀即可。如图2

3.

在炸好的蟹肉可乐饼上满满地淋上酱汁。酱汁要在吃之前浇上最好。

31 BLT舒芙蕾松饼

一款适合豪爽地大口吃大口嚼的松饼。

材料（一盘份）

- 面糊

A [蛋黄 1个
牛奶 1大匙
低筋面粉 15克
泡打粉 1/4小匙
盐 1/4小匙]

B [蛋白 1个
细砂糖 1小匙]

C [培根碎 适量
色拉油 适量]

- 配料

番茄（切片） 2片
红叶生菜 1片
培根（煎） 1片
番茄美乃滋（将D类材料充分混合制作而成）

D [番茄酱 1大匙
美乃滋 1大匙]

制作方法

1. 请参考本书第4—6页制作面糊，将C类材料放在面糊上一起煎制。
2. 将配料与番茄美乃滋夹在两片松饼之间，装盘。

基本面糊  + 培根碎　 番茄　红叶生菜　 培根　 番茄美乃滋

32 火腿芝士舒芙蕾松饼

这款松饼十分适合作为营养早餐享用。

材料（一盘份）

● 面糊

A
- 蛋黄 1个
- 牛奶 1大匙
- 低筋面粉 15克
- 泡打粉 1/4小匙
- 盐 1/4小匙

B
- 蛋白 1个
- 细砂糖 1小匙

C
- 火腿 1片
- 色拉油 适量

● 配料
- 白酱罐头 1/3罐
- 芝士片 1片
- 黑胡椒末 适量
- 搭配用的蔬菜 根据个人喜好准备

制作方法

1. 请参考本书第4—6页制作面糊，将火腿放在面糊上，每面都煎制2分半钟。
2. 在煎好的松饼上淋上白酱并放上芝士片，置于烤箱中烤至芝士片熔化即可。
3. 装点上喜欢的蔬菜，撒上适量的黑胡椒末就完成了。

基本面糊 + 火腿 　白酱罐头　芝士片　黑胡椒末　喜欢的蔬菜

33 墨西哥风味舒芙蕾松饼

添加了蔬菜和豆类的舒芙蕾松饼,搭配酸奶油和辣肉酱一起享用,
满满的墨西哥风情扑面而来。
无论外观或香气,都让人胃口大开的辣味舒芙蕾松饼。

基本面糊

 +

综合豆类　　墨西哥辣肉酱　　酸奶油　　辣椒粉　　雪维菜

材料（一盘份）

● 面糊

A
- 蛋黄　1个
- 牛奶　1大匙
- 低筋面粉　15克
- 泡打粉　1/4小匙
- 盐　1/4小匙

B
- 蛋白　1个
- 细砂糖　1小匙

C 综合豆类　2大匙

色拉油　适量

● 配料

综合豆类　10克
酸奶油　1大匙
墨西哥辣肉酱★　适量

◆ **综合豆类辣肉酱**

材料（一盘份）

洋葱（切成碎末）　50克
混合肉馅　100克
综合豆类　100克
蒜泥　5克

A
- 辣椒粉　1小匙
- 番茄罐头　100克
- 高汤粉（颗粒）　1/2小匙
- 番茄酱　1大匙
- 细砂糖　1/2小匙

色拉油　适量
盐　少许
黑胡椒末　少许

制作方法：

Ⅰ. 在混合肉馅中加入少许的盐和黑胡椒末搅拌均匀，预先调味。
Ⅱ. 在锅中放入色拉油，加入蒜泥，用小火煸香后加入洋葱用中火炒软。
Ⅲ. 将肉馅倒入锅中，炒至八分熟，再加入综合豆类拌炒。
Ⅳ. 将A类材料加入锅中，收干水分。如图2
Ⅴ. 加入少许盐和黑胡椒末调味。

制作方法

1. 请参考本书第4—6页制作面糊。在所有的粉类材料都混合均匀之后加入综合豆类，搅拌均匀。如图1
2. 将煎好的松饼装盘，佐以墨西哥辣肉酱和酸奶油食用。如图3

1.

将切成粗粒的综合豆类倒入面糊之中搅拌均匀。豆子的种类可根据个人喜好选择。

2.

将水分收干，让材料更入味。如若喜欢辣一点的口味，可酌情增加辣椒粉的用量。

3.

淋上满满的酸奶油会更加美味！想要单纯感受辣味的刺激，也可以考虑不加酸奶油直接享用。

34 经典英式早午餐——班尼迪克蛋舒芙蕾松饼

采用黑胡椒调味的松饼,配上班尼迪克蛋,再淋上荷兰酱,
一道简单又时尚的英式风味早餐就出炉啦!

基本面糊

 +

黑胡椒末　　班尼迪克蛋 　　荷兰酱　　搭配用的蔬菜

材料（一盘份）

●面糊

A
- 蛋黄　1个
- 牛奶　1大匙
- 低筋面粉　15克
- 泡打粉　1/4小匙
- 盐　1/4小匙
- 黑胡椒末　适量

B
- 蛋白　1个
- 细砂糖　1小匙

色拉油　适量

●配料

搭配用的蔬菜　10克
荷兰酱★　适量
班尼迪克蛋★　2个

制作方法

1. 请参考本书第4—6页制作面糊，煎4块松饼。注意要在其他粉类材料混合均匀之后，再加入A类材料中的黑胡椒末。**如图1**
2. 将煎好的松饼和蔬菜装盘，放上荷兰酱和班尼迪克蛋享用。

◆ **荷兰酱**

材料（一盘份）
黄油　100克
蛋黄　2个
柠檬汁　2/3大匙
盐　1/4小匙
黑胡椒末　少许

制作方法：
Ⅰ. 将黄油用微波炉加热至熔化。
Ⅱ. 将蛋黄放入碗中，用搅拌器搅拌至蛋液颜色变浅，然后分次少量加入黄油，搅拌均匀。**如图2**
Ⅲ. 加入柠檬汁、盐、黑胡椒末，拌好后在常温下放置。

◆ **班尼迪克蛋**

材料（2个份）
鸡蛋　2个
热水　适量
盐　1小匙
醋　1小匙

制作方法：
Ⅰ. 将热水煮沸，加入盐和醋。
Ⅱ. 将鸡蛋挨个儿敲到碗里，再依次倒入沸水中。注意此时要将火力调到最小。
Ⅲ. 调至中火，用筷子将蛋白尽量拨到蛋黄周围。等水再次沸腾2分钟之后，盛出鸡蛋，用厨用纸巾将水分吸干。**如图3**

1.

将黑胡椒末加入蛋黄中会更美味哦！

2.

制作荷兰酱时，调制得更浓稠些会更美味。不够浓稠的时候，可用冷水降温，改善浓稠度。

3.

班尼迪克蛋出锅时，为了保持其漂亮的形状，需用勺子翻面之后舀出来。

35 印度肉末咖喱舒芙蕾松饼

令人食欲大好的黄色松饼，佐以大量香辣的印度肉末咖喱，就像在吃咖喱面包一般的美味。

基本面糊

 ＋ 咖喱粉 　 印度肉末咖喱　 半熟的鸡蛋　欧芹

材料（一盘份）

● 面糊

A
- 蛋黄　1个
- 牛奶　1大匙
- 低筋面粉　15克
- 泡打粉　1/4小匙
- 盐　1/4小匙
- 姜黄粉　1/2小匙

B
- 蛋白　1个
- 细砂糖　1小匙

色拉油　适量

● 配料

欧芹　适量
印度肉末咖喱★　适量
半熟鸡蛋★　半个

制作方法

1. 请参考本书第4—6页制作面糊，注意要在其他粉类材料混合均匀之后，再将A类材料中姜黄粉倒入混合。如图1
2. 将煎好的松饼装盘，添上配料即可。如图3

1.

用姜黄粉将面糊调成与咖喱颜色相近的黄色。因为姜黄粉本身味道不大，所以可以依据自己的喜好调整用量。

2.

◆ 印度肉末咖喱

材料（一盘份）

- 混合肉馅　100克
- 洋葱（切碎末）　50克
- 胡萝卜　30克
- 蒜泥　5克

A
- 咖喱粉　1小匙
- 番茄酱　1大匙
- 伍斯特郡酱　2/3大匙
- 高汤粉　1/2小匙

B
- 玛莎拉香料（一种印度咖喱粉）　1/3小匙
- 盐、黑胡椒末　适量

制作方法：

Ⅰ. 将色拉油和蒜泥一起入锅，以小火煸炒出香味。
Ⅱ. 放入洋葱和胡萝卜，用中火炒软。
Ⅲ. 倒入混合肉馅，继续翻炒。
Ⅳ. 加入A类材料，煮得入味之后，加入B类材料调味。如图2

制作印度肉末咖喱时，留有一些汤汁会更美味。希望口味更辣时，可以增加玛莎拉香料和咖喱粉的用量。

3.

◆ 半熟蛋

材料（2个份）

鸡蛋　1个

A
- 水　没过鸡蛋的量
- 醋　1小匙
- 盐　1/3小匙

制作方法：

Ⅰ. 将鸡蛋在常温环境下放置一段时间，然后和材料A一起下锅，大火煮开。
Ⅱ. 水沸腾之后，用小火再煮3分钟，捞出鸡蛋并去壳。

在半熟蛋上撒一些欧芹，让整道菜的颜色立刻丰富起来。

36 墨西哥卷饼风味舒芙蕾松饼

用五香辣椒粉调味的肉酱、切成粗丝的生菜、番茄、切达干酪，全部包在松饼里，就像墨西哥卷饼一般，和啤酒搭配更合适。

基本面糊

 ＋

番茄　　生菜　　墨西哥卷饼风味肉酱 　　切达干酪

材料（一盘份）

● 面糊

A
- 蛋黄　1个
- 牛奶　1大匙
- 低筋面粉　15克
- 泡打粉　1/4小匙
- 盐　1/4小匙

B
- 蛋白　1个
- 细砂糖　1小匙

C
- 芝士碎

色拉油　适量

● 配料

切达干酪（碎条状）　适量
番茄（切丁）　1/4个
生菜（切粗丝）　1片
墨西哥卷饼风味肉酱★　适量

制作方法

1. 请参考本书第4—6页制作面糊，面糊要做成薄薄的椭圆形，并撒上材料C中的芝士碎煎制。如图1
2. 将煎好的松饼夹上配料后装盘。如图3

煎制面糊的时候，每块面糊都要撒上芝士碎。

◆ 印度肉末咖喱

材料（一盘份）

混合肉馅　100克
盐　1小撮
黑胡椒末　少许

A
- 蒜泥　5克
- 孜然　1/3小匙

B
- 五香辣椒粉　1小匙
- 酱油　1小匙
- 细砂糖　2/3小匙

色拉油　适量

制作方法：

Ⅰ. 在混合肉馅中加入少许的盐和黑胡椒末搅拌均匀，预先调味。
Ⅱ. 在锅中放入色拉油和蒜泥、孜然，用小火煸炒出香味。
Ⅲ. 加入混合馅，炒至八分熟。
Ⅳ. 最后添加五香辣椒粉、酱油、细砂糖翻炒即可。如图2

为了让味道更浓郁可口，炒制材料时要收干水分。

薄薄的松饼中卷着满满的墨西哥风味馅料，大口大口地享用吧！

依次在松饼中夹入肉酱、生菜、番茄、切达干酪，这样会让舒芙蕾松饼的颜色更鲜艳。

37 意式卡普里风味舒芙蕾松饼

番茄、马苏里拉芝士和罗勒叶的搭配,成为一款多彩的舒芙蕾松饼!

材料(一盘份)

● 面糊

A
- 蛋黄 1个
- 牛奶 1大匙
- 低筋面粉 15克
- 泡打粉 1/4小匙
- 盐 1/4小匙

B
- 蛋白 1个
- 细砂糖 1小匙

C
- 马苏里拉芝士(切成5毫米碎粒) 1/4个

色拉油 适量

● 配料

番茄(切成半月形) 1/3个
马苏里拉芝士(切成半月形) 1个
罗勒叶 适量

★油醋汁
(将D类材料充分混合即可)

D
- 橄榄油 1大匙
- 白葡萄酒醋 1/2大匙
- 盐 1小撮
- 黑胡椒末 适量

制作方法

1. 请参考本书第4—6页制作面糊,在混合材料A和B的时候,加入马苏里拉芝士碎搅拌混合。用面糊煎出5片松饼。
2. 将煎好的松饼装盘,点缀上配料,最后淋上油醋汁即可。

基本面糊

 +

番茄　　马苏里拉芝士　　油醋汁　　罗勒

38 古老也芝士佐三文鱼舒芙蕾松饼

古老也芝士风味的松饼，搭配烟熏三文鱼酱，很适合作为下酒菜享用哦！

材料（一盘份）

● 面糊

A
- 蛋黄 1个
- 牛奶 1大匙
- 低筋面粉 15克
- 泡打粉 1/4小匙
- 盐 1/4小匙

B
- 蛋白 1个
- 细砂糖 1小匙

C
- 莳萝（用手撕碎）适量
- 古老也芝士 35克

色拉油 适量

● 配料

小番茄 适量
鲑鱼子 适量

★三文鱼酱（将D类材料用搅拌器打成泥）
- 烟熏三文鱼 40克
- 洋葱（切碎粒）20克

D
- 奶油芝士 30克
- 鲜奶油 30克
- 盐 一小撮
- 黑胡椒末 少许

制作方法

1. 请参考本书第4—6页制作面糊，在混合材料A和B的时候，加入古老也芝士一起混合。将面糊摊成4份，撒上莳萝煎制。
2. 将煎好的松饼装盘，点缀上小番茄、三文鱼酱、鲑鱼子。

基本面糊

 +

古老也芝士　小番茄　鲑鱼子　三文鱼酱　莳萝

39 开胃菜风舒芙蕾松饼

小小的松饼，加上各种美味的配料，搭配出一道适合在聚会上食用的开胃菜。可以按自己的喜好搭配任意配菜哦！

基本面糊

哈密瓜　小番茄　柠檬　生火腿　鲑鱼子　点心奶酪块　马苏里拉芝士　莳萝　罗勒

材料（一盘份）

● 面糊

A
- 蛋黄　1个
- 牛奶　1大匙
- 低筋面粉　15克
- 泡打粉　1/4小匙
- 盐　1/4小匙

B
- 蛋白　1个
- 细砂糖　1小匙

色拉油　适量

● 配料

哈密瓜　适量
生火腿　2片
点心奶酪块（单个包装）　1个
马苏里拉芝士　1/4个
小番茄　1个
鲑鱼子　适量
柠檬　适量
莳萝　适量
罗勒　适量

制作方法

1. 请参考本书第4—6页制作面糊，煎6块松饼，每面各煎1分半钟。
2. 将煎好的松饼装盘，点缀上配料（配方中的配料是2片松饼的量）。

◆ 搭配范例

Ⅰ. 点心奶酪块、鲑鱼子、莳萝、柠檬片
   如图1
   ※ 图片中使用了欧芹
Ⅱ. 马苏里拉芝士、番茄、罗勒
   如图2
Ⅲ. 生火腿、哈密瓜
   如图3

1.

在点心奶酪块上装饰以鲑鱼子和莳萝，很适合用作下酒菜。

2.

在马苏里拉芝士上点缀小番茄和罗勒，瞬间让菜品变得色彩鲜艳。

3.

搭配生火腿和哈密瓜，打造一款豪华的舒芙蕾松饼。

搭配自己喜欢的各种配料，打造出有宴会气息的奢华甜点。

40 意大利千层面风舒芙蕾松饼

将松饼面糊铺在烤盅底部,添加肉酱和白酱,再摆上芝士碎,放入烤箱中焗烤。一道口感柔软、入口即化的意大利千层面风的舒芙蕾松饼就鲜香出炉了!

基本面糊

 +

芝士粉　　意大利肉酱罐头　　白酱罐头　　芝士碎　　欧芹

材料（一盘份）

● 面糊

A
- 蛋黄　1个
- 牛奶　1大匙
- 低筋面粉　15克
- 泡打粉　1/4小匙
- 盐　1/4小匙

B
- 蛋白　1个
- 细砂糖　1小匙

C
- 芝士粉　1大匙

色拉油　适量

● 配料
- 意大利肉酱罐头　1/3罐
- 白酱罐头　1/3罐
- 芝士碎　适量
- 欧芹叶　适量

制作方法

1. 请参考本书第4—6页制作面糊，用面糊煎3块松饼，每面各煎1分半钟。在所有粉类材料都过筛混合之后，再将C类材料中的芝士粉倒入搅拌。**如图1**

2. 按如下顺序将材料放入烤盅。

   松饼1块半
   ↓
   肉酱
   ↓
   白酱
   ↓
   松饼1块半
   ↓
   肉酱
   ↓
   白酱
   ↓
   芝士碎

   然后将烤盅放入已经以250℃预热的烤箱中烤5分钟，出炉后撒上欧芹即可。**如图2、3**

1.

在面糊中加入芝士粉，搅拌均匀。

2.

将1块半的松饼垫在最底层，然后依次铺上肉酱、白酱，就这样重复两遍，最后放上芝士碎。

3.

出炉后撒上欧芹叶来增添色彩。

热乎乎的熔化芝士和肉酱、松饼完全融为一体，真是绝妙的美味！用勺子舀取享用，一口尝到所有食材的滋味。

41 舒芙蕾热狗

用蜡纸将舒芙蕾热狗包好，带着它去野餐、旅行吧！

材料（一盘份）

● 面糊

A
- 蛋黄　1个
- 牛奶　1大匙
- 低筋面粉　15克
- 泡打粉　1/4小匙
- 盐　1/4小匙

B
- 蛋白　1个
- 细砂糖　1小匙

色拉油　适量

● 配料

- 卷心菜（切丝）　1片
- 香肠（改花刀后烤熟）　2根
- 芥末籽酱　适量
- 番茄酱　适量

制作方法

1. 请参考本书第4—6页制作面糊，将面糊摊成1块较薄的椭圆形面饼，每面各煎2分半钟。
2. 将煎好的松饼装盘，夹上卷心菜、香肠做成热狗，最后淋上芥末籽酱和番茄酱即可。

基本面糊

 +

卷心菜　香肠　芥末籽酱 　番茄酱

42 舒芙蕾三明治

口感松软的三明治,只要吃过一次就会迷上!

材料 (一盘份)

●面糊

A
- 蛋黄 1个
- 牛奶 1大匙
- 低筋面粉 15克
- 泡打粉 1/4 小匙
- 盐 1/4 小匙

B
- 蛋白 1个
- 细砂糖 1小匙

色拉油 适量

●配料
- 水煮蛋 1个
- 美乃滋 2大匙
- 盐 少许
- 番茄(切圆片) 1/3个
- 黄瓜(切斜片) 1/4根
- 火腿 1片

制作方法

1. 请参考本书第4—6页制作面糊,煎成4块薄松饼。
2. 可根据自己的喜好夹入配料做成三明治。

基本面糊

番茄　　黄瓜　　火腿　　水煮蛋　　美乃滋

工具清单

电烤盘

要使用带盖子的电烤盘。如果有调节温度的功能,操作起来会更简便。

大碗·网筛

为了分别制作蛋黄面糊和蛋白霜,需要准备两个大碗。制作蛋白霜所用的碗一定要仔细确认没有油分和水分残留之后再操作。粉类材料需使用网筛混合均匀。

手持电动搅拌器

用于打发蛋白霜。请确认搅拌棒的前端没有油分和水分之后再操作。

橡皮刮刀

倒入蛋白霜混合搅拌时,为了不弄破其中的气泡,要用橡皮刮刀小心地搅拌。橡皮刮刀的把手和刀刃是一体成型的,由硅胶制成,弹性较好,便于使用。

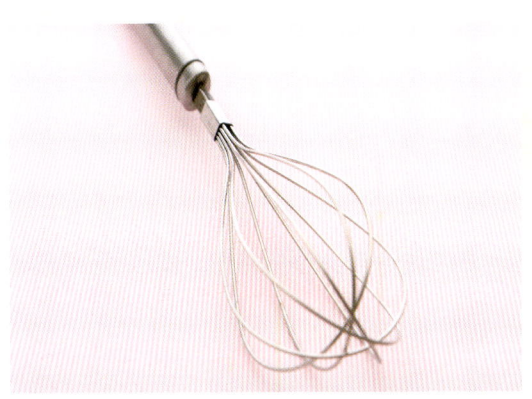

手动搅拌器

　　将材料充分混合时使用。请配合你所用的碗口大小来选择合适型号的搅拌器。

量匙

　　用于测量少量液体或者粉末状材料。量匙底部位较深，便于准确测量。

电子秤

　　最小能精确到克，可称出较准确的重量。称重前务必确认数字已经归零，然后放上想要称重的材料即可。

煎铲

　　给松饼翻面时使用。将前端较薄的部分插入松饼底面，就可以轻松翻面了。

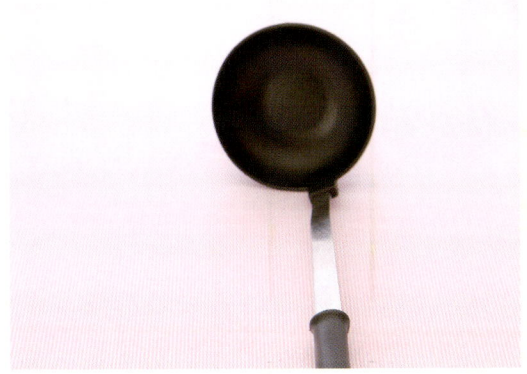

大勺

　　舀取面糊倒入电烤盘时使用。巧用勺子底部，将面糊调整为圆形，还可将面糊摊薄。

硅胶刷

　　给电烤盘刷油时使用。由硅胶制成，耐热性好，方便清洗，也很卫生。

图书在版编目（CIP）数据

黄金比例的舒芙蕾松饼/（日）桔梗有香子著；颜翠译. -- 北京：华夏出版社，2016.6（2016.8重印）
ISBN 978-7-5080-8683-5

Ⅰ.①黄… Ⅱ.①桔… ②颜… Ⅲ.①西点－制作 Ⅳ.① TS213.2

中国版本图书馆 CIP 数据核字（2015）第 289980 号

TOROKERU! SHIAWASE SHOKKAN! SOUFFLÉ PANCAKE
©Yukako Kikyou 2014.
Originally published in Japan in 2014 by NITTO SHOIN HONSHA CO.,LTD., TOKYO.
Chinese (in simplified character only) translation rights arranged through TOHAN CORPORATION , TOKYO., and YOUBOOK AGENCY, CHINA, BEIJING.

版权所有 翻印必究
北京市版权局著作权合同登记号：图字 01-2015-4014

黄金比例的舒芙蕾松饼

作　　者	（日）桔梗有香子	版　　次	2016 年 6 月北京第 1 版
译　　者	颜　翠		2016 年 8 月北京第 2 次印刷
责任编辑	尾尾鱼　有　棠	开　　本	787×1092　1/16 开
美术设计	殷丽云	印　　张	6
责任印制	刘　洋	字　　数	20 千字
出版发行	华夏出版社	定　　价	39.00 元
经　　销	新华书店		
印　　刷	北京华宇信诺印刷有限公司		
装　　订	三河市少明印务有限公司		

华夏出版社　网址：www.hxph.com.cn　地址：北京市东直门外香河园北里4号　邮编：100028
若发现本版图书有印装质量问题，请与我社营销中心联系调换。电话：（010）64663331（转）